Paris. — Imprimerie de MALLET-BACHELIER,
rue du Jardinet, 12

TRAITÉ

ÉLÉMENTAIRE

D'ASTRONOMIE PHYSIQUE.

TRAITÉ

ÉLÉMENTAIRE

D'ASTRONOMIE PHYSIQUE,

Par J.-B. BIOT,

Membre de l'Académie des Sciences, de l'Académie française et du Bureau des Longitudes; membre libre de l'Académie des Inscriptions et Belles-Lettres; professeur de Physique mathématique au Collége de France; professeur honoraire d'Astronomie à la Faculté des Sciences de Paris; membre des Sociétés royales de Londres et d'Édimbourg; de l'Académie impériale de Saint-Pétersbourg; des Académies royales de Berlin, Stockholm, Upsal, Turin, Munich, Lucques, Milan, Venise, Naples, Messine, Catane et Palerme; membre honoraire de l'Université de Wilna; de l'Institution royale de Londres; de la Société philosophique de Cambridge; Astronomique de Londres; des Antiquaires d'Écosse; littéraire et philosophique de Saint-Andrews; de Manchester; de la Société pour l'avancement des Sciences naturelles de Marbourg; de Halle; de la Société helvétique des Sciences naturelles; de la Société de Médecine d'Aberdeen; de la Société italienne des Sciences résidante à Modène, et des Lincei de Rome; de l'Académie américaine des Sciences et Arts de Boston; de la Société littéraire et historique de Québec; des Académies de Nancy, d'Arras, et de la Société philomathique de Paris.

TOME CINQUIÈME.

TROISIÈME ÉDITION, CORRIGÉE ET AUGMENTÉE.

Atlas de 13 Planches

PARIS,

MALLET-BACHELIER, IMPRIMEUR-LIBRAIRE

DU BUREAU DES LONGITUDES, DE L'ÉCOLE IMPÉRIALE POLYTECHNIQUE,

QUAI DES AUGUSTINS, 55.

1857

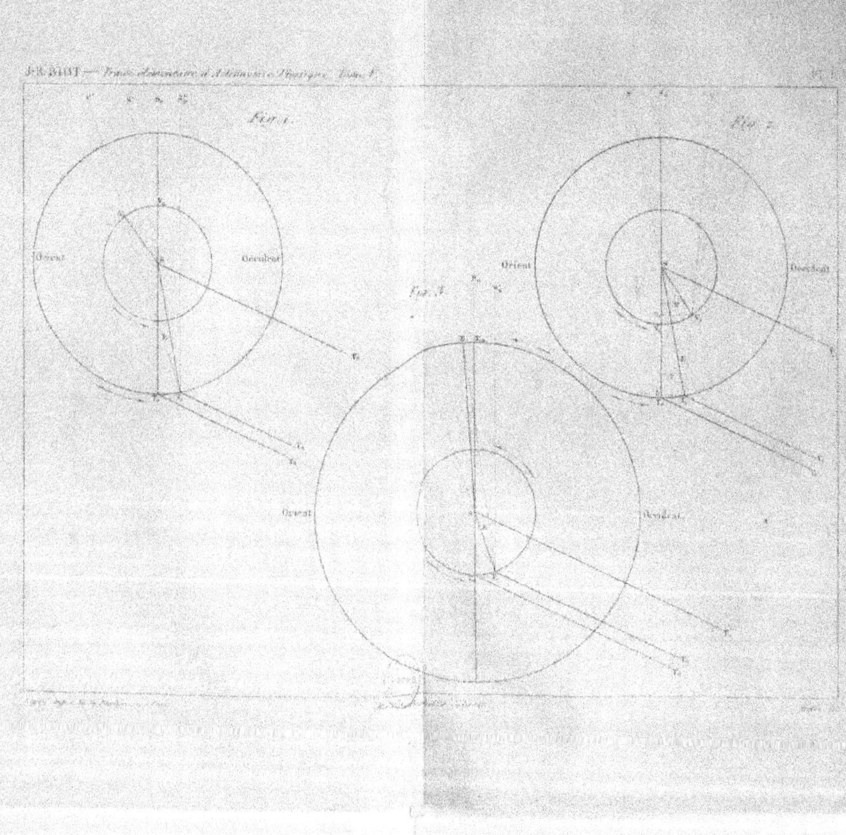
J.B. BIOT — Traité élémentaire d'Astronomie Physique. Tome I.
Fig. 1.
Orient
Occident
Fig. 2.
Orient
Occident
Fig. 3.
Orient
Occident

A SUPPRIMER

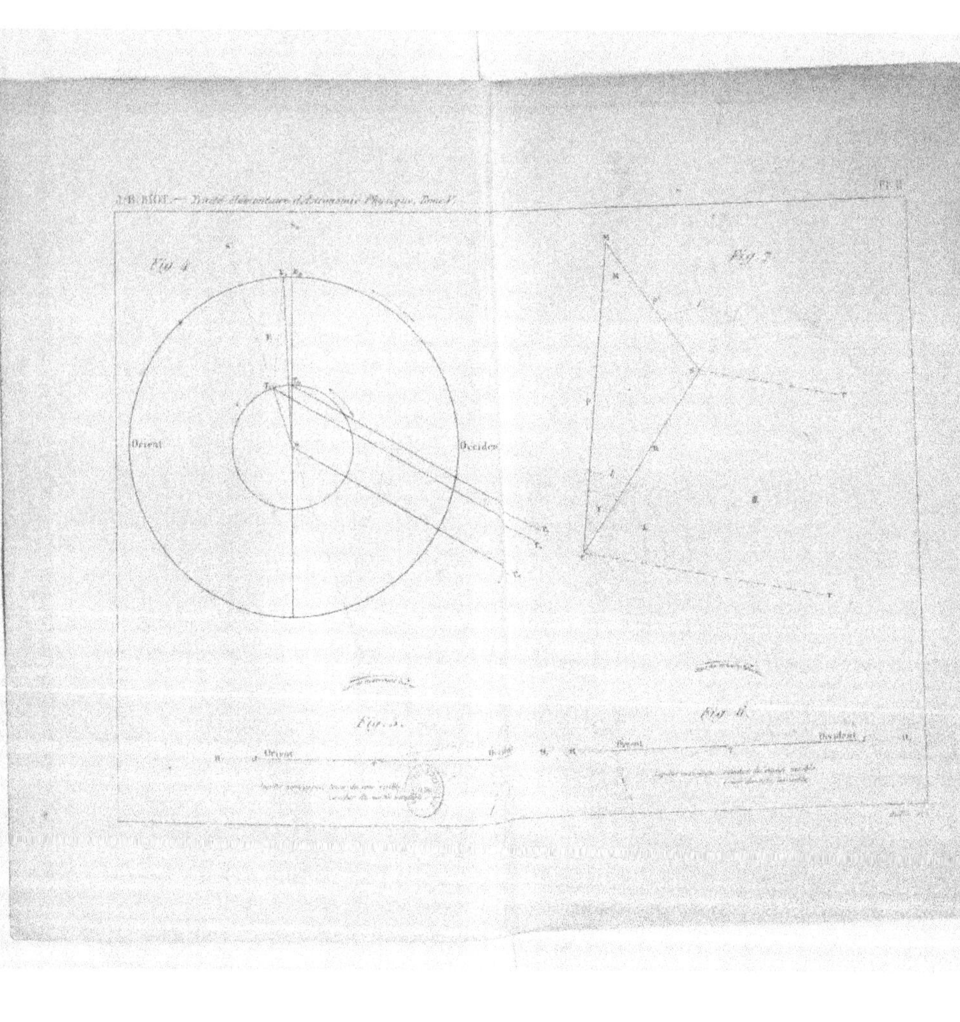
J.-B. BIOT. — Traité élémentaire d'Astronomie Physique, Tome V.
Pl. II
Fig. 4
Orient
Occident
Fig. 7
Fig. 5.
Fig. 6.
Orient
Midi

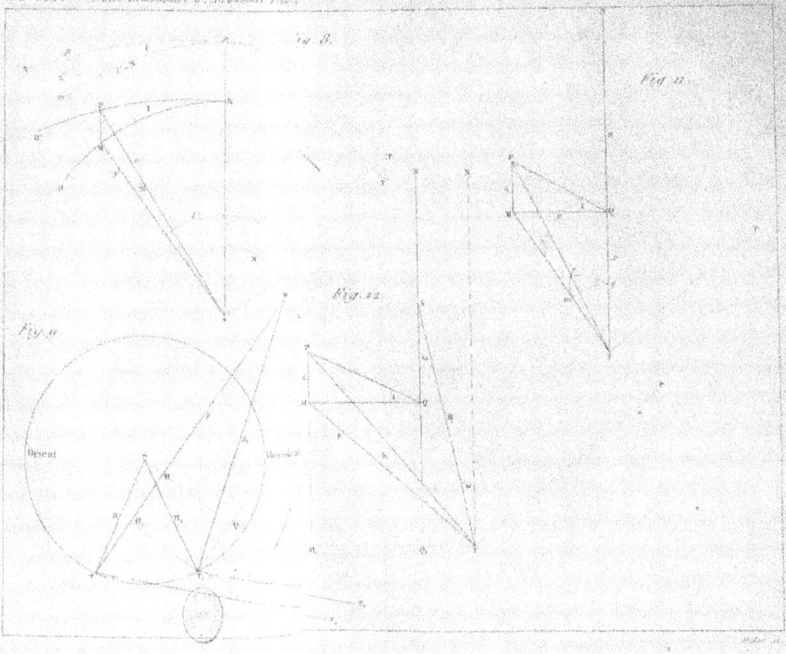

Fig. 8.

Fig. 11.

Fig. 12.

Orient

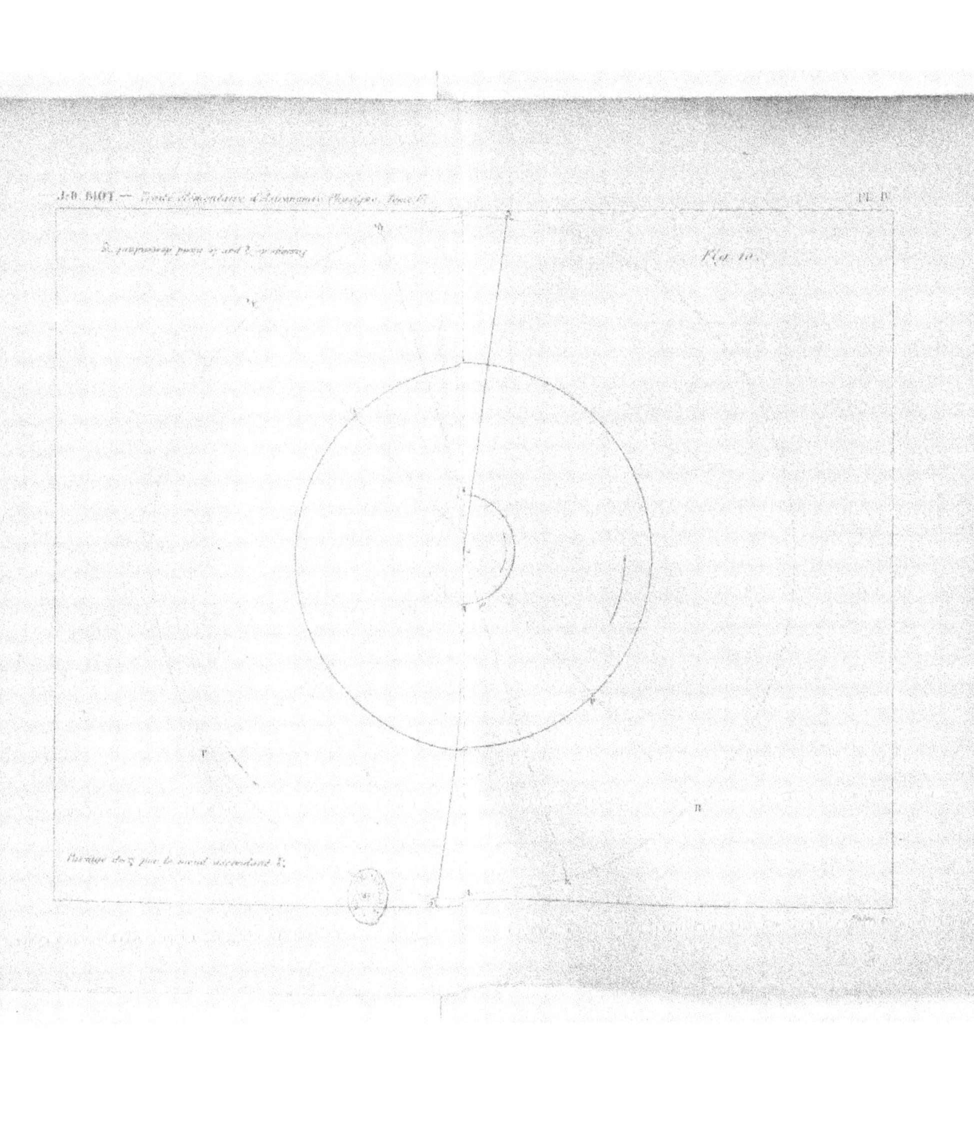
Fig. 10.

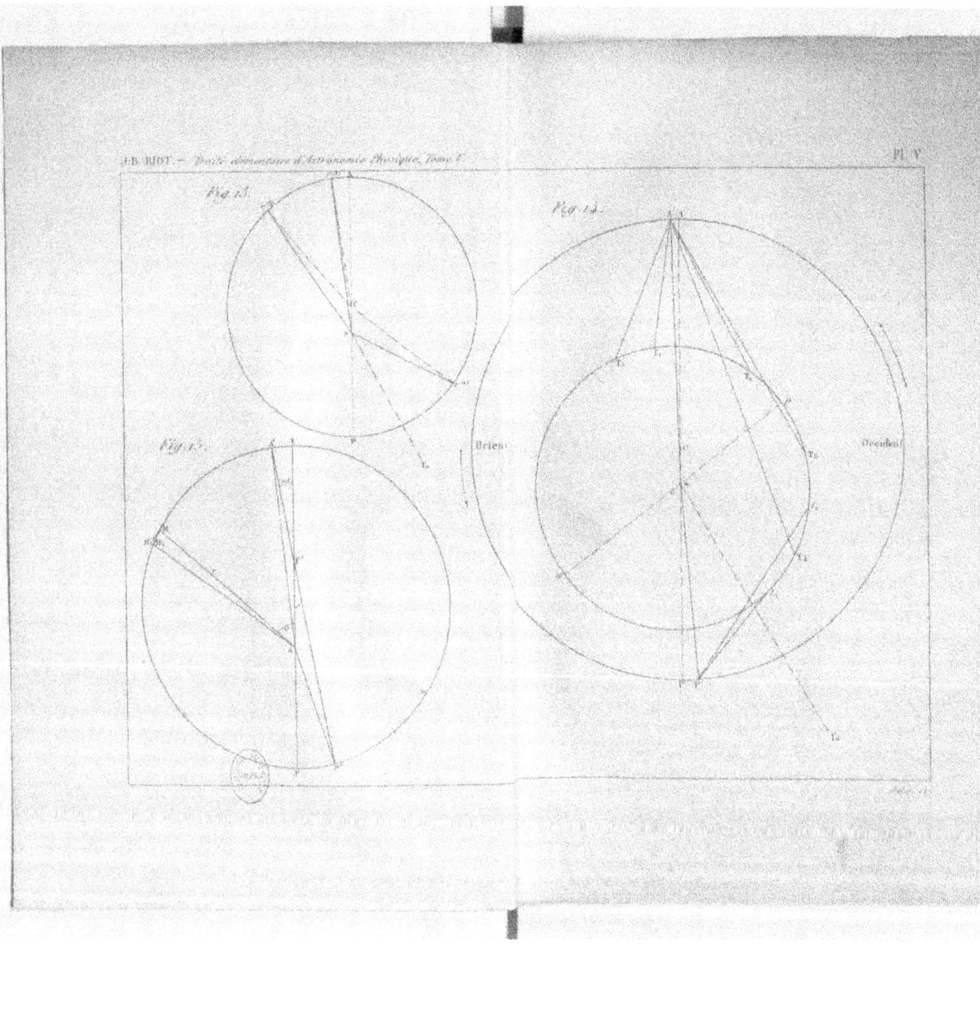
J.B. BIOT. – Traité élémentaire d'Astronomie Physique, Tome V.
Pl. V
Fig. 13.
Fig. 14.
Fig. 12.
Orient
Occident

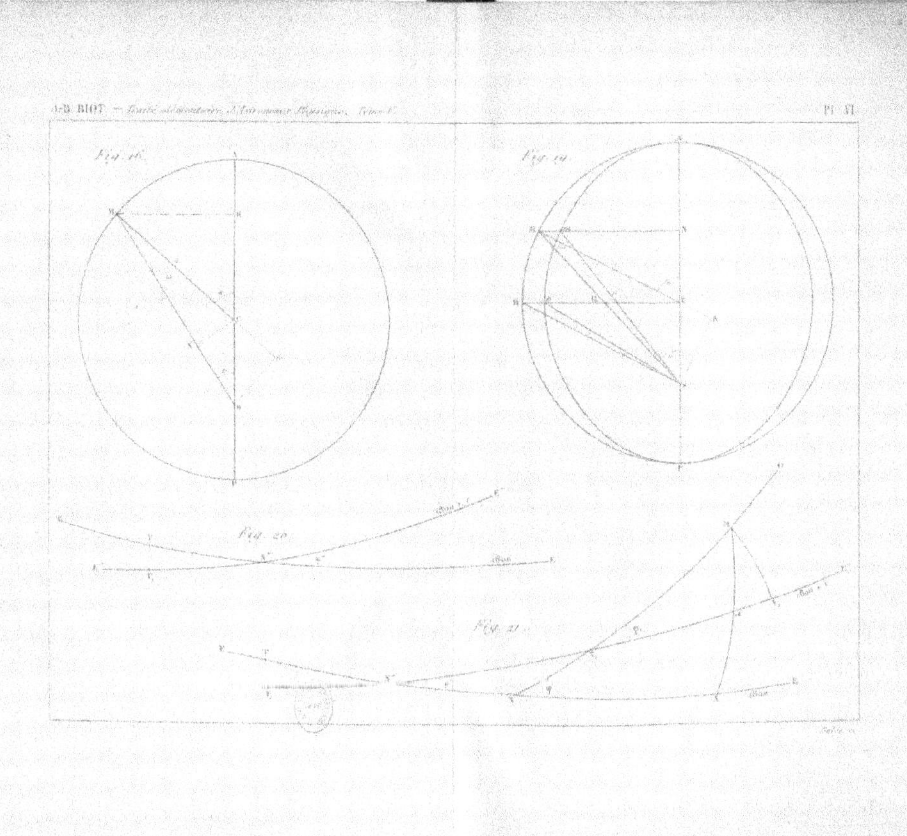

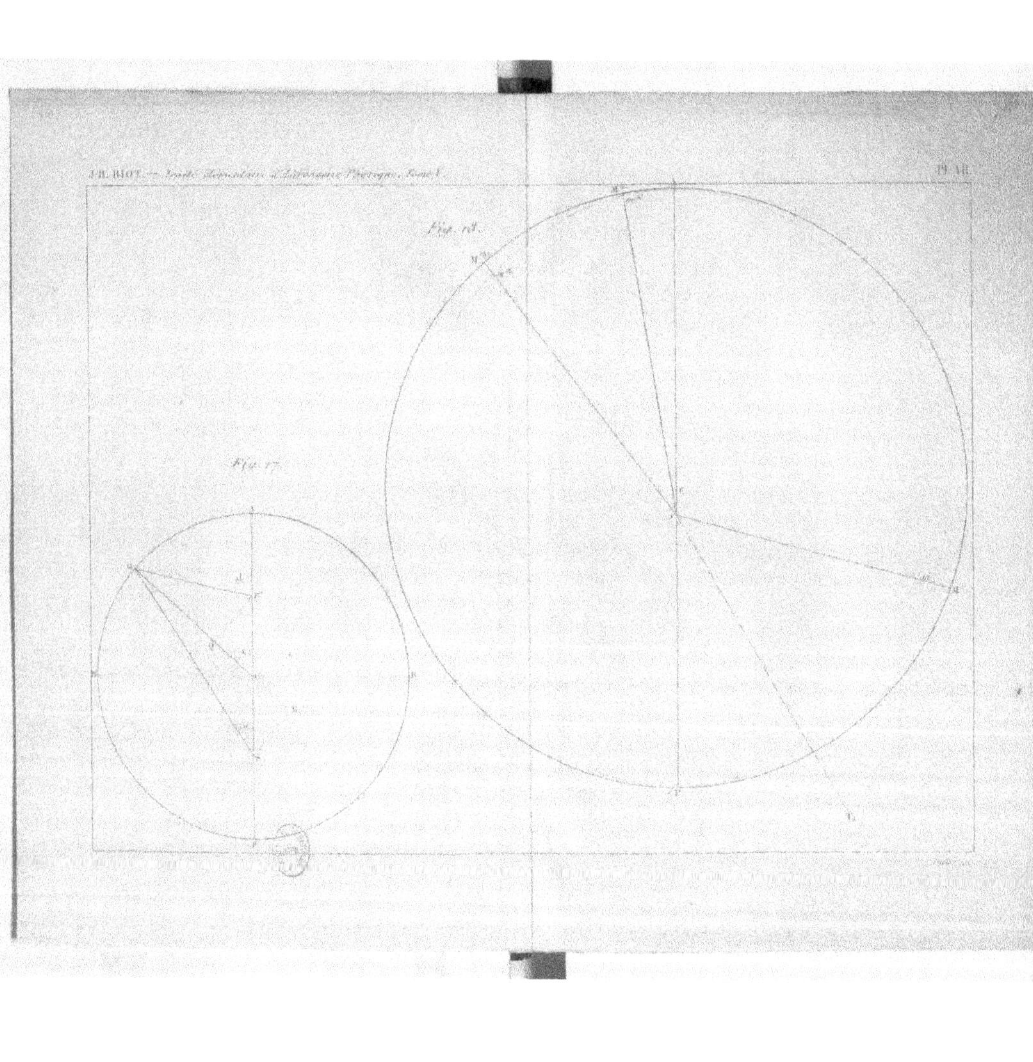
Fig. 18.
Fig. 17.

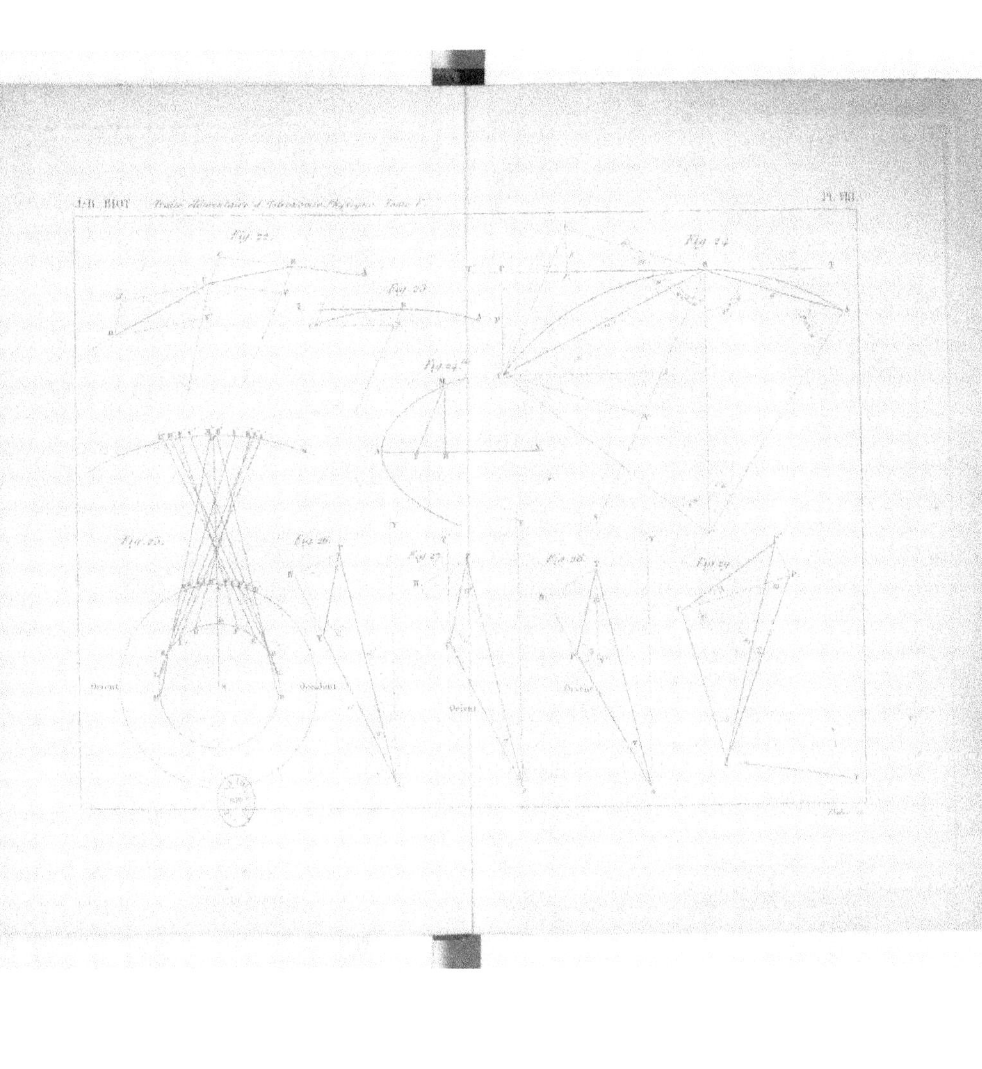
J.-B. BIOT
Pl. VIII.
Fig. 22.
Fig. 23
Fig. 24
Fig. 25.
Fig. 26.
Fig. 27
Fig. 28.
Fig. 29
Orient
Occident
Orient
Orient

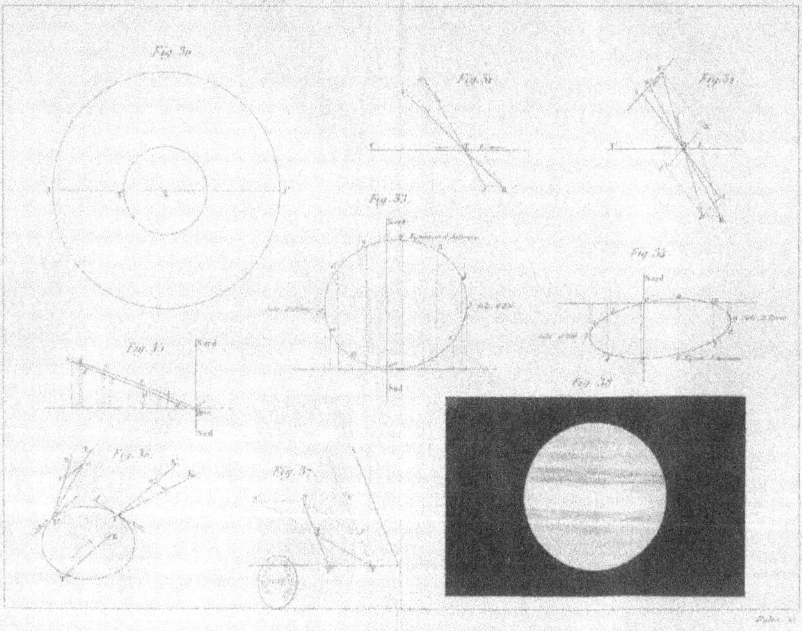

Fig. 30.

Fig. 31.

Fig. 32.

Fig. 33.

Nord

Sud

Fig. 34.

Nord

Fig. 35.

Nord

Sud

Fig. 36.

Fig. 37.

Fig. 38.

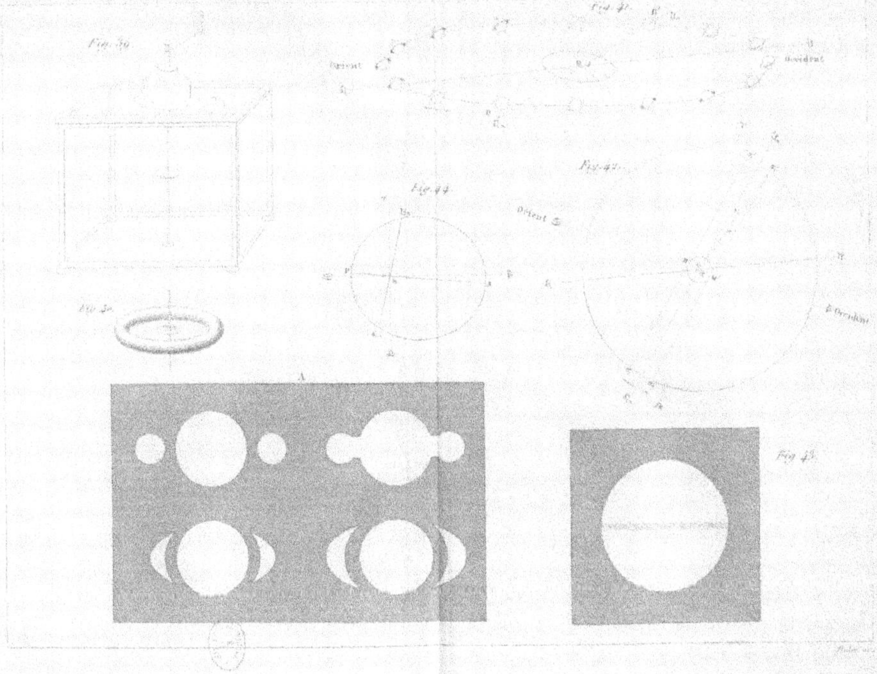

Fig. 39.

Fig. 40.

Fig. 41.

Orient

Occident

Fig. 42.

Fig. 44.

Orient

Occident

Fig. 43.

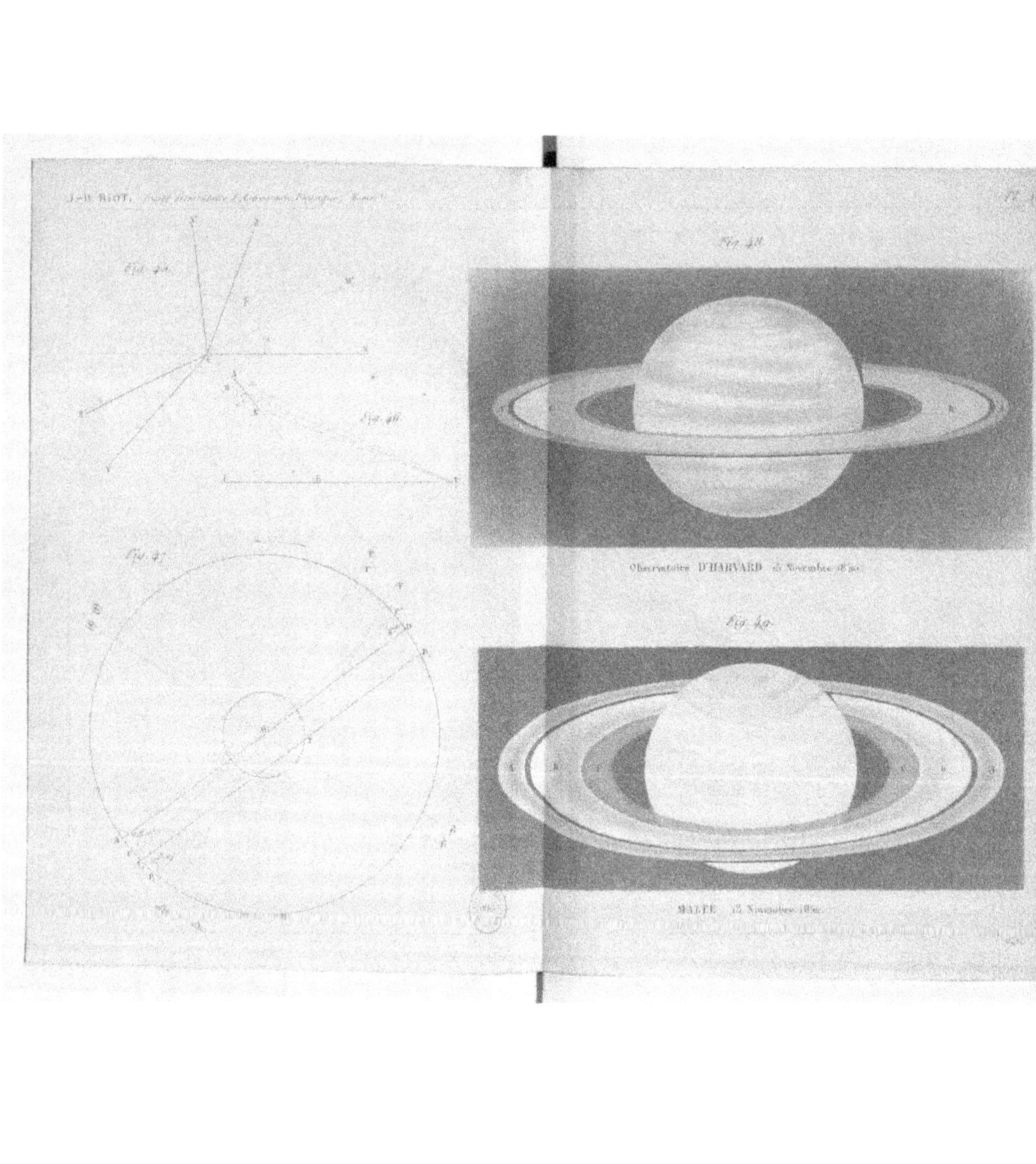

Observatoire D'HARVARD [illegible] Novembre 18[illegible]

MALTE [illegible] Novembre 18[illegible]

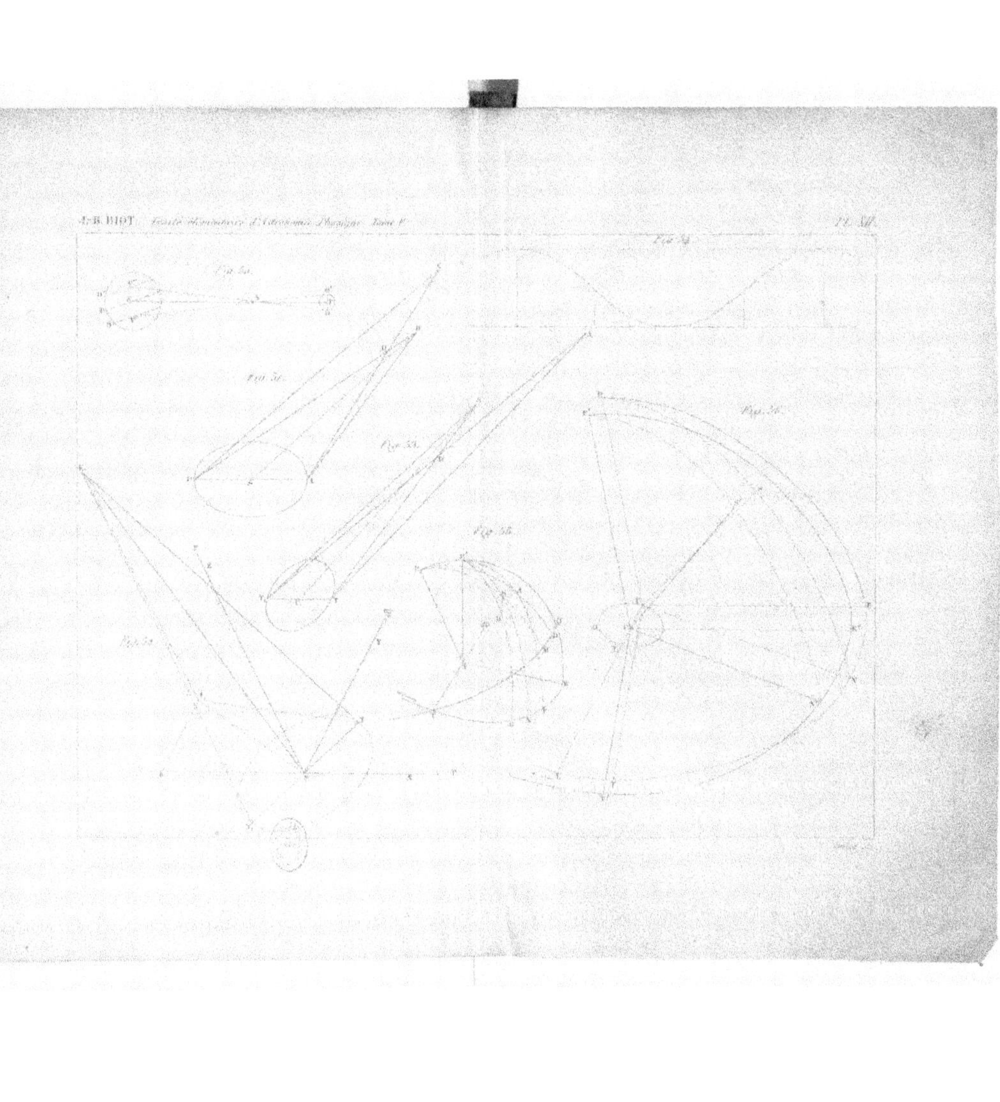
J.-B. BIOT. Traité élémentaire d'Astronomie Physique. Tome V.
Pl. XII.

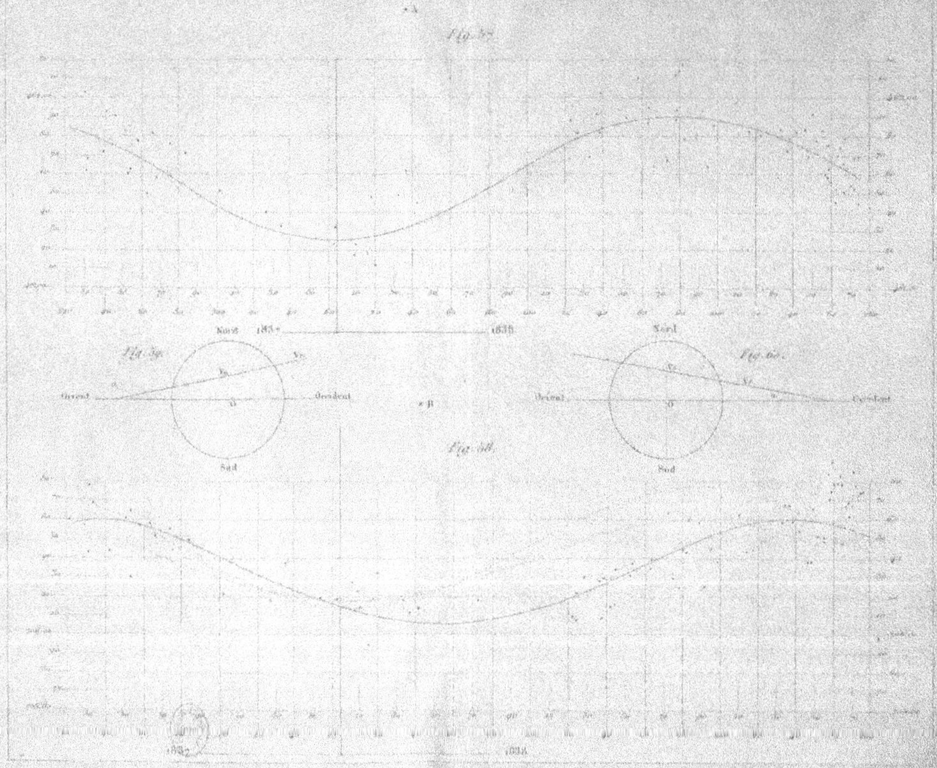
Fig. 57.
A
1837
1838
Fig. 59.
Nord
Orient
Occident
O
Sud
B
Fig. 60.
Nord
Orient
Occident
O
Sud
Fig. 58.
1837
1838

www.ingramcontent.com/pod-product-compliance
Ingram Content Group UK Ltd.
Pitfield, Milton Keynes, MK11 3LW, UK
UKHW022146170726
13837UKWH00004B/1820